L'ART DE PRÉPARER
LES
PLANTES
TERRESTRES, MARINES ET D'EAU DOUCE
POUR EN FORMER
DES HERBIERS ET ALBUMS POUR L'ÉTUDE

MEAUX. — IMPRIMERIE A. CARRO.

L'ART
DE PREPARER
LES
PLANTES
TERRESTRES, D'EAU DOUCE ET MARINES

POUR EN FORMER

DES HERBIERS ET ALBUMS POUR L'ÉTUDE

PAR

ARTHUR ÉLOFFE

Naturaliste-Préparateur et Professeur de taxidermie,
Membre honoraire de plusieurs Sociétés d'horticulture,
Lauréat aux expositions de Paris, Dijon, Valognes,
Meaux, etc.

PARIS

CH. ALBESSARD ET BÉRARD, LIB.-ÉDITEURS

8, RUE GUÉNÉGAUD

Même maison à Marseille, 25, rue Pavillon

1862

L'ART

De préparer les Plantes terrestres.

I

La *chortologie* est, en histoire naturelle, la partie qui traite spécialement des objets nécessaires aux herborisations, de la récolte des végétaux, des précautions particulières à chaque espèce que le naturaliste doit apporter dans cette récolte, des moyens de conserver les végétaux, de les dessécher, de les disposer en herbier et de les collectionner.

Un herbier est, pour un naturaliste, d'une nécessité indispensable pour étudier dans tous les temps, dans toutes les saisons, les plantes que l'on a observées dans les divers lieux que l'on a parcourus, et de pouvoir rapprocher toutes celles que l'on veut comparer ; par ce moyen arriver à une détermination prompte et sûre.

Les objets nécessaires pour une herborisation sont :

Une bonne flore qui traite spécialement de la localité que l'on habite ou que l'on veut explorer, ou une flore qui embrasse toute l'étendue de la France.

Une boîte en fer-blanc s'ouvrant dans sa longueur par un couvercle à charnière.

F. 1

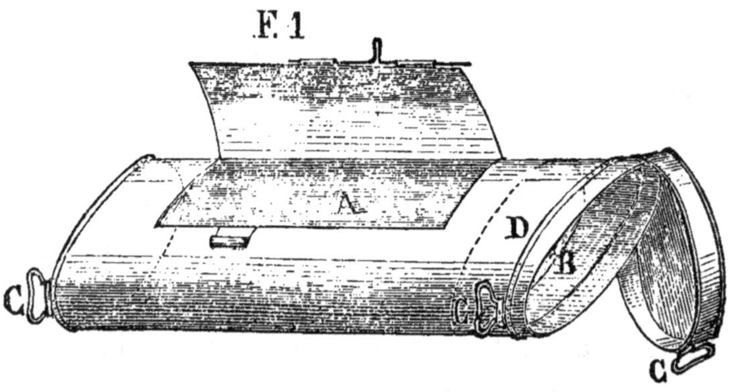

La longueur de cette boîte est à la disposition de chacun et selon la personne, et selon aussi le caractère de l'herborisation qu'on se propose de faire.

On fabrique des boîtes depuis 20 centimètres jusqu'à 80 et 90 centimètres de long; mais, pour le véritable amateur, une boîte de 60 à 70 centimètres est d'un très-bon format. A une des extrémités se trouve adaptée une autre boîte destinée à recevoir les petits échantillons, les cryptogames, etc. Cette boîte est, à ses deux extrémités, munie de deux boucles dans lesquelles on passe une courroie, de manière que la boîte puisse être portée en sautoir. Cette boîte est celle dont on se sert pour les grandes excursions, et celle que l'on emploie le plus généralement. Néanmoins on peut, dans les herborisations qui n'ont pas grande importance, utiliser un appareil de moindre format, mais qui ne manque point de commodité et d'élégance, et que l'on a nommé *coquette*. Cet instrument consiste en deux planches de bois dur, d'une bonne épaisseur, portant 45 centimètres de longueur sur 30 centimètres de largeur. Sur l'épaisseur d'une des deux planches, aux quatre extrémités, est fixé au moyen de clous ou de vis un bout de courroie n'ayant pas plus d'un cinquième de libre et muni d'une forte boucle avec ardillons; à l'autre planche et aux quatre extrémités correspondant aux boucles, on fixe une courroie ayant de 40 à 50 centimètres de long, munie de trous, de manière à pouvoir serrer à volonté les plantes qui seront mises dans la *coquette*. Au moment du départ, l'herborisateur met dans la *coquette* le papier gris non collé, destiné à la dessiccation de la plante, et chaque fois que l'on récolte un nouvel échantillon on l'arrange immédiatement. L'herborisation terminée, on boucle un peu plus fort la *coquette* et, au retour, on l'expose dans un lieu sec et bien aéré, pendant vingt-quatre heures. Ce temps écoulé, on change les plantes de papier, on range les rameaux qui ont pris une position mauvaise, et de nouveau l'on expose la *coquette* à l'air jusqu'à parfaite dessiccation.

Ce procédé présente l'avantage qu'il conserve beaucoup mieux la fraîcheur et les teintes de la plante.

Les autres instruments employés dans les herborisations sont :

Une *houlette* et, par préférence, un petit piochon muni, à la partie inférieure du manche, d'un crochet destiné à attirer à soi les branches élevées des arbres, et à détacher certaines plantes fixées sur des points où il serait difficile ou impossible d'atteindre ;

Une bonne loupe ;

Une paire de pinces dites *brucelles ;*

Un scalpel ;

Une paire de ciseaux ;

Une forte serpette ;

Un crayon et du papier blanc pour noter immédiatement les observations qu'on aurait faites.

La plante doit être cueillie le plus près possible du sol et lorsque le volume de la racine le permet, il ne faut pas négliger de l'extraire, et, pour avoir un herbier complet, il faut autant que possible pouvoir représenter les plantes en divers échantillons, l'un avec les fleurs, l'autre avec les fruits, l'autre avec les racines, enfin, lorsque les sexes sont distincts, ne pas manquer de les joindre à la plante.

Il ne faut herboriser que lorsque le temps est bien sec, car les plantes recueillies par un temps de pluie se dessèchent très-mal, noircissent et souvent pourrissent.

Il n'est aucun lieu où le botaniste ne puisse récolter quelques spécimens propres à enrichir son herbier, il faut donc explorer les plaines, les terrains cultivés ou arides, les lieux ombragés ou exposés au soleil, les montagnes, les vallons et les ravins, les bords des chemins, les toits, les vieux murs, les caves, etc., etc.

La récolte terminée et lorsqu'on est rentré chez soi, on doit procéder immédiatement à la dessiccation des plantes recueillies. Pour cela, on se procurera du papier gris non collé et assez fort. Dans le milieu de chacune des doubles feuilles de ce papier on met une des plantes, en ayant bien soin de lui donner une tournure convenable, puis l'on enferme ce papier porteur de la plante entre deux cahiers de même papier, et l'on recommence le même procédé pour chacune des plantes que l'on a récoltées.

Ces cahiers de papier sont destinés à absorber l'humidité que la plante exsude pendant la dessiccation.

Ces cahiers de papier sont mis ensuite sous une presse (v. page 28).

Il faut avoir soin, le premier jour, que la pression ne soit pas trop forte, et ne l'accroître qu'avec une progression bien calculée. Le lendemain, vous retirez de dessous presse et vous placez la plante dans de nouvelles feuilles de papier, en ayant soin de faire sécher le papier qui a servi la veille et qui, ainsi, pourra resservir le lendemain, tout en évitant dans le laboratoire un inopportun encombrement de papiers.

Dans les contrées humides et dans les saisons pluvieuses, il est indispensable d'accélérer le plus possible la dessiccation ; on y parvient en divisant sa récolte par petits paquets de 15 à 20 plantes, en interposant entre chaque sujet cinq à six feuilles de papier non collé et en les pressant entre deux châssis garnis d'un grillage de bois ou fil de fer et serrées par des courroies ou par des cordes. On expose ces paquets à un courant d'air et les plantes sèchent très-rapidement.

Les plantes aqueuses et bulbeuses telles que les *orchis*, etc., continuent de végéter dans l'herbier longtemps après qu'on les y a placées. Pour prévenir cet inconvénient et l'humidité qui en est le résultat, sans compter la moisissure qui peut en provenir et gâter tout un herbier, il suffit de plonger les plantes aqueuses et bulbeuses dans de l'eau bouillante et de les y maintenir pendant une demi-minute ; on peut encore leur faire prendre un bain pendant trois ou quatre heures dans de l'alcool saturé de bichlorure de mercure. Si la plante a été plongée dans l'eau, on l'essuiera soigneusement au sortir du bain et, enveloppée de papier gris, on l'exposera dans un courant d'air.

Si la plante a été baignée dans l'alcool, il suffit de l'exposer dans un lieu bien sec, sa dessiccation est très-prompte.

Un autre procédé pour anéantir la vie dans une plante est de se procurer du sable fin et bien sec. Vous mettrez le sable dans un vase quelconque que vous placerez sur le feu; vous remuerez vivement ce sable avec une spatule de bois jusqu'à ce qu'il soit débarrassé de toute humidité et qu'il atteigne un degré de chaleur équivalant à l'eau bouillante ; vous ensevelissez alors votre plante dans le sable brûlant pendant une demi-heure.

Ce procédé détruit absolument toute vitalité dans les plantes; en outre il présente cet avantage précieux que le sable brûlant absorbe l'humidité de la plante au lieu de lui en donner.

Les descriptions seraient insuffisantes à expliquer comment l'on reconnaîtra que la dessiccation est arrivée à son complément, la pratique l'enseignera bien mieux, et plus vite, et plus sûrement, cette dessiccation se trouvant subordonnée à mille circonstances imprévues, notamment à l'état de l'atmosphère et du lieu où l'on prépare son herbier; quand elle est complète, il ne reste plus qu'à préserver les plantes, car les collections de plantes terrestres en herbier sont susceptibles de devenir la pâture des insectes, et plusieurs *mites* du genre *Acarus* les dévorent très-rapidement, et souvent les organes les plus précieux pour l'étude sont totalement détruits.

Pour remédier à ce grave inconvénient, voici ce qui se pratique : Dans un litre d'alcool on fait dissoudre 31 grammes 25 de sublimé corrosif (deuto-chlorure de mercure), puis on immerge la plante desséchée dans cette solution. L'effet du poison est tel, qu'il éloigne et donne la mort à tous les insectes qui tentent d'attaquer la plante.

Ce procédé est excellent, mais il est dangereux et les frais qu'il occasionne sont trop considérables. En effet, avec un litre d'alcool sublimé, on ne peut empoisonner que quatre-vingts plantes environ, et comme l'alcool revient au plus bas prix à 2 fr. 50 le litre et le sublimé à 90 cent. les 31 grammes 25, l'empoisonnement de quatre-vingts plantes revient donc à 3 fr. 40 cent.

Aussi conseillons-nous de ne pas immerger la plante en entier dans le liquide, mais de se servir d'un petit pinceau et d'en passer une couche sur chaque plante; par là on diminuera le danger qui existe toujours à manipuler des poisons violents, et on fera une notable économie du liquide.

M. P. Ch. Joubert, ex-employé au Muséum d'histoire naturelle de Paris, nous a communiqué un procédé qui nous paraît devoir présenter quelques avantages réels.

« Ce procédé est fondé sur la faculté de succion que possèdent les plantes. Tout le monde connaît les belles expériences de Hales, et chacun a pu s'assurer qu'une plante placée dans un vase plein d'eau aspirait bientôt tout le liquide et se l'appropriait. Ce premier principe posé, voici comment nous opérons.

» Nous prenons 31,25 de deuto-chlorure de mercure, puis 31,25 d'hydrochlorate d'ammoniaque ; nous mêlons, et nous avons un sel connu sous le nom de *sel alembroth* ou *sel de la sagesse,* qui n'est autre chose qu'un muriate ammoniaco-mercuriel soluble. Ce sel, jeté dans un litre d'eau, compose le liquide dont nous nous servons. Des plantes nouvellement cueillies, mises pendant 12 heures, comme on pourrait le faire d'un bouquet dans de l'eau saturée dudit sel, sont empoisonnées jusque dans leurs plus petites parties.

» Pour nous assurer de ce dernier fait, nous avons laissé tremper un Pavot en fructification dans du sel alembroth en liqueur ; puis, ayant ouvert une des capsules, nous en avons retiré les graines, que nous avons traitées par l'eau chaude, de manière à faire dissoudre une partie du sublimé contenu dans les semences ; versant ensuite dans cette eau de l'iodure de potassium, nous avons obtenu un beau précipité de couleur de brique, preuve incontestable de la présence du mercure.

» L'hydrochlorate d'ammoniaque ne sert donc qu'à faciliter la dissolution du deutochlorure de mercure : car, cette dernière substance n'étant soluble que dans 21 fois son poids d'eau, on conçoit que le poison ne serait pas assez concentré pour opérer l'effet qu'on pourrait en attendre.

» Si nous envisageons maintenant la question au point de vue pécuniaire, nous avons aussi un fort beau résultat. Supposons 5,000 plantes à empoisonner, et voyons le prix de revient de chacun des procédés. D'abord, dans l'un et l'autre cas, il faut, terme moyen, 1 litre de liquide pour 80 plantes : donc il faudrait 62 litres d'alcool pour les 5,000 plantes, ce qui fait 155 fr. ; puis 31,25 de sublimé par litre, ce qui fait 62 fois 31,25, équivalant à 55 fr. 80 c. Total, 210 fr. 80 c. — Quant au second système, il ne nous faut que 62 fois 31,25 de sublimé, équivalant à 55 fr. 80 c., et 62 fois 31,25 d'hydrochlorate, équivalant à 9,30. Total, 65 fr. 10 c. La différence des deux sommes en faveur de notre méthode est donc de 145 fr. 70 c. »

Néanmoins, nous ne pensons pas qu'on puisse remplacer l'alcool sublimé, dans l'empoisonnement des plantes sèches, par le sel alembroth en liqueur, car l'évaporation de l'eau n'est pas assez prompte pour ne pas occasionner la fermentation, et, par contre-coup, la moisissure, inconvénient qui n'a pas lieu avec notre alcool, appliqué aux plantes vivantes, puisque l'évaporation en est presque instantanée.

Une fois l'empoisonnement de vos plantes terminé, il ne reste plus qu'à agencer l'herbier ; pour cela, on met une plante dans le milieu d'une feuille de papier collé gris ou blanc, et avec cette plante une étiquette portant la détermination scientifique. On groupe les familles ensemble et pour en faciliter la recherche lorsqu'il y a lieu, on colle une étiquette au bas de la première feuille qui contient le commencement d'une famille : ces étiquettes sont de diverses couleurs et portent en demi-ronde le nom de la famille.

Puis l'on sépare les trois grands embranchements et l'on dispose les plantes ainsi accommodées dans lés boîtes-cartons à herbier sur lesquelles sont indiqués chacun des trois embranchements.

Lorsqû'on ne possède pas de boîte-carton à herbier, voici comment on procède : Pour éviter de briser les plantes, on prend deux feuilles de carton qui doivent servir de maculateur, c'est-à-dire qui doivent protéger les feuilles de la pression directe de la ficelle ; on ficelle en croix et on recouvre les trois paquets d'une bande de papier de couleurs diverses avec les noms des trois embranchements.

Nous conseillons de sacrifier le cordeau ou la ficelle toutes les fois qu'on pourra les remplacer par des courroies ou sangles. Ce moyen est plus dispendieux, il est vrai, mais la dépense est bien compensée par la propreté, la facilité, la célérité avec lesquelles on ouvre et ferme un paquet. De plus, les plantes sont moins sujettes à être brisées et le papier risque moins d'être froissé ou déchiré.

Nous venons de décrire la confection des herbiers ordinaires, tels qu'on les trouve communément dans le commerce ; mais pour l'amateur zélé, notamment pour les dames herborisatrices, il faut que l'album soit coquet, luxueux, et néanmoins qu'il satisfasse à tout ce que réclame l'étude de chacune des multiples parties d'une plante. Il est donc indispensable d'indiquer une méthode appropriée au goût de l'amateur éclairé et au zèle délicat et patient des herborisatrices. Cette méthode, la voici :

Tout d'abord on procède comme il a été dit, quant à ce qui concerne la dessiccation et l'empoisonnement : seulement, on a besoin de tourner une partie de la plante en sens inverse, et si la tige est trop ligneuse, on fait une incision tout le long pour en extraire cette partie ; on prend du beau papier glacé, on y applique la plante, et, avec de petites bandelettes de papier gommé, on fixe la tige principale et les ramuscules sur la feuille. L'étiquette subit la même préparation et est fixée au bas de la feuille et à droite.

Un herbier ainsi préparé réclame beaucoup plus de temps et des soins plus minutieux ; mais il se distingue par la fraîcheur et un charme de coup-d'œil que ne présentent jamais les herbiers confectionnés par l'autre procédé. Un semblable herbier est tout à fait digne de figurer auprès du travail élégant d'une dame dans un salon ou dans un boudoir.

L'étiquette doit porter le nom latin de la plante, son nom français, le nom d'auteur, les divers noms sous lesquels on la désigne dans les pays où elle a été recueillie, ses propriétés, les lieux et l'époque où elle a été récoltée ; si c'est au bord d'un ruisseau, dans un pré, dans un champ, dans un jardin, ou sur une montagne qu'elle a été trouvée; si le lieu de récolte est humide, sec, cultivé, aride, etc. Enfin aucun détail ne doit être négligé et il est profitable de tout mentionner. Un herbier enrichi de ces minutieuses et compendieuses descriptions a toujours un prix supérieur à la valeur précaire d'un herbier confectionné en toute hâte et peu enrichi de détails descriptifs.

On comprend que pour rassembler sur une étiquette toutes les multiples indications, il est nécessaire de se servir de signes et d'abréviations; il sera donc utile que nous en tracions ici un tableau.

Des signes et abréviations à l'usage de la botanique.

R. — Rare.

RR. Très-rare.

S. ch., Serre chaude.

S. temp., Serre tempérée.

? — Point de doute.

★ Exotique.

①. Annuel.

② Bisannuel.

♃ Vivace.

♄ Sous-arbrisseau.

♄ Arbuste.

♄ Arbre.

☿ Stamino-pistillé.

♀ Pistillé.

♂ Staminé.

Synon., Synonymes.

Vulg., Vulgairement.

Exemples d'abréviations des noms d'auteurs :

L., Linné ; Jus., Jussieu ; Desf., Desfontaines; De C., De Candolle ; Vill., Villars ; Willd., Willdenow; Pers., Persoon ; Rich., Richard ; Le M., Le Maout ; Dec., Decaisne ; Mont., Montagne ; Duch., Duchartre, etc.

L'ART

De préparer les plantes marines et d'eau douce

(ALGUES, FUCUS, CONFERVES, ETC.)

II

Ainsi qu'on l'a vu, que de difficultés ne faut-il pas surmonter pour préparer d'une façon convenable les plantes ligneuses! Malgré cela au bout de quelques années à peine et quelques grandes précautions que l'on ait prises, les plantes recueillies deviennent pour ainsi dire méconnaissables. C'est en vain qu'on y cherche ces couleurs si variées, dont la nature s'est complu à orner les fleurs; presque toutes n'offrent plus qu'une teinte sombre, uniforme. En outre, en supposant que l'herbier ait été préparé avec les soins les plus minutieux, que d'attentions ne faut-il pas avoir pour sauver ces plantes des ravages que leur font subir les mites et autres insectes, ennemis qui, par leur petitesse, échappent à notre vue, et contre les ravages desquels nous ne sommes que trop souvent impuissants. Nous savons bien que l'on a préconisé quelques préparations pour sauvegarder les végétaux de la voracité de ces animaux : telles sont *la liqueur préservatrice de sir Smith, les dissolutions de sels métalliques, comme le bichlorure de mercure et autres, etc.;* mais ces préparations ne préservent pas assez exactement toutes les parties des plantes, et en outre elles exigent une grande précaution lorsqu'on veut manier les végétaux préparés avec leurs secours, sans courir le risque de s'empoisonner.

Les plantes marines font exception à ce que nous venons de dire, et leur conservation étant d'une durée plus grande et plus agréable à la vue que les plantes phanérogames, lorsque la préparation en a été convenablement opérée, nous ont donné l'idée de rechercher le moyen de leur conserver, après leur dessiccation, les formes si variées, si élégantes, les couleurs brillantes et les nuances si diverses qui les ornaient durant leur séjour dans la mer.

Après bien des essais nous nous sommes arrêté à un procédé que nous offrons aux amateurs, pensant leur être utile en leur évitant bien de ces tâtonnements qui souvent découragent.

Outre la boîte de fer-blanc (*fig.* 1, *page* 2) et les autres objets dont nous avons parlé, l'explorateur algologiste doit se munir de plusieurs petits bocaux que l'on remplit d'eau douce ou d'eau de mer, suivant l'herborisation, afin d'isoler celles qui, par le contact, pourraient subir des perturbations dans leur composition et dans leur couleur, telles que les *Griffithsia*, *Desmarestia*, etc.

Ensuite, il est des espèces si frêles que sans cette précaution elles se corrompraient rapidement et perdraient les caractères propres à servir à la détermination de l'espèce.

On se procurera des plantes d'eau douce en visitant les marais, les sources, les bords des fleuves et des lacs, les petits ruisseaux, etc., etc.

Chaque rivage produit des plantes marines qui lui sont propres et diffèrent entr'elles et de formes et de couleurs, il y en a dont les ramuscules sont cylindriques et très-allongés, d'autres obtuses et comme tronquées au sommet, il y en a en forme de longues lanières, en grains de chapelets, en cordelettes, en feuille de laitue, etc, etc.

Le rouge carmin, le rose, le lilas, le violet, le gris, le vert tendre, le vert émeraude, le vert foncé, sont les couleurs dominantes des *Hydrophytes*.

On recueillera les plantes marines le long des côtes, des dunes, sur les grèves, dans les fentes de rochers, etc., etc. ; mais il est utile surtout de visiter les filets des pêcheurs.

Les moments les plus favorables pour faire une bonne récolte sont au moment dès fortes marées: la mer en se retirant laisse une partie immense de la plage à découvert. C'est alors que le botaniste trouvera bien des espèces qui, dans d'autres moments, se trouvent recouvertes par les flots.

A la suite d'un gros temps, d'une tempête, le botaniste se rendra sur la plage, et il peut espérer y trouver des espèces rares et sous-marines arrachées à des parages éloignés ou à des profondeurs immenses et que les flots charrient et déposent sur la plage.

La récolte des plantes marines étant faite, il s'agit de leur faire subir, pour les conserver, trois opérations ; *le lavage de la plante, son application sur le papier et sa dessiccation.* Tel est le but que nous nous sommes proposé et que nous allons exposer le plus succinctement possible.

DU LAVAGE DE LA PLANTE.

Pour assurer la réussite de cette opération il faut avoir recours à deux instruments essentiels et dont nous allons dire quelques mots.

La cuve (*fig.* 2, A). — C'est un instrument

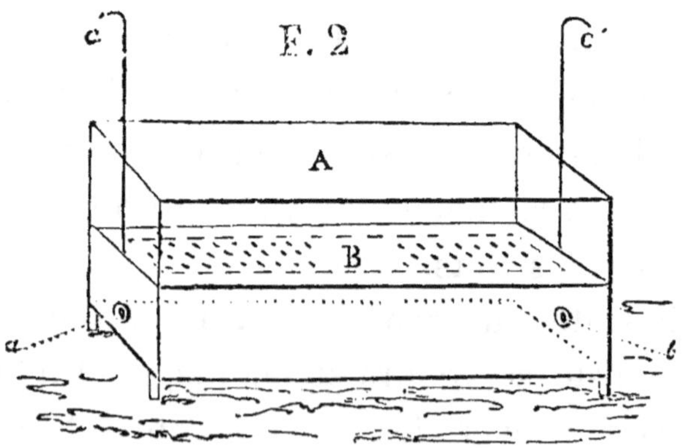

en bois d'une épaisseur convenable, doublé

dans son intérieur de plaques de zinc afin de le prémunir contre l'humidité ; il mesure 25 centimètres de hauteur sur 50 de longueur et 40 de largeur. A la moitie de sa hauteur et sur les côtés de sa face interne, on aura soin de faire établir des rebords de quelques millimètres pour recevoir une claire-voie, et sur ses côtés *a*, *b*, seront établis des robinets pour laisser écouler l'eau contenue dans la cuve (1).

La claire-voie. — Elle est constituée par un cadre de bois muni de deux tiges (destinées à la retirer ou à l'introduire), et qui sera reçu sur les rebords de la cuve. Sur ce cadre sera tendu une toile à tamis à mailles assez larges (*fig.* 3), à travers lesquelles passeront les

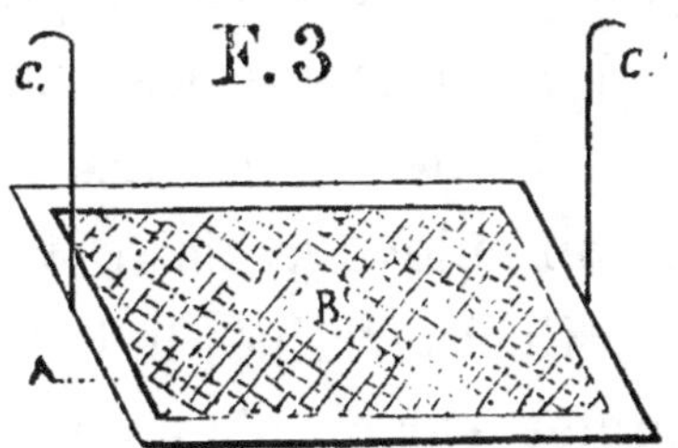

(1) Il est préférable d'avoir deux ouvertures au lieu d'une, cela permettant à l'eau de s'écouler doucement et sans agiter la vase et les matières déposées au fond de la cuve.

matières étrangères qui souillent la plante.

Ces deux appareils étant connus, indiquons maintenant la marche à suivre pour procéder au lavage de la plante. On met dans la cuve de l'eau ordinaire, de manière à couvrir la claire-voie d'un ou de deux centimètres; puis on descend sur le tamis la plante et avec des pinces dites brucelles, dont nous avons déjà parlé plus haut et dont nous donnerons la figure plus bas, on étend les rameaux de façon qu'ils ne se touchent pas et qu'ils offrent la plus grande surface à l'action de l'eau; alors on agite doucement la plante pendant un certain temps, en donnant un mouvement de va-et-vient qui entraîne au fond les matières hétérogènes qui la souillent. On laisse reposer l'appareil un quart-d'heure ou plus si cela est nécessaire (1); on ouvre les deux robinets; l'eau étant écoulée, on laisse égoutter la plante, puis on enlève la claire-voie et on nettoie la cuve. Ceci terminé, le lavage n'est pas encore complet, car on n'a enlevé que les ma-

(1) Cela varie avec la taille de la plante, une trop longue macération produirait la décomposition.

tières terreuses et les particules salines qui adhéraient à la plante; mais quelquefois ces végétaux sont recouverts par des matières gélatino-albumineuses analogues à du blanc d'œuf et dont on ne les débarrasse que difficilement. Alors, pour faire disparaître cet inconvénient, nous soumettons la plante à un nouveau lavage; pour cela nous prenons de l'eau dans laquelle ont été dissous au préalable vingt grammes d'alun calciné. Par ce moyen, on donnera une consistance plus grande à cette matière gélatiniforme (provenant de l'albumine d'œufs des mollusques ou des zoophytes), et on l'enlèvera facilement avec des pinces ou avec un morceau d'éponge fixé à une baleine (1), puis on terminera par un rinçage à l'eau pure.

APPLICATION DE LA PLANTE SUR LE PAPIER.

Le lavage terminé, vient immédiatement l'application de la plante sur le papier; cette

(1) Nous recommandons tout particulièrement, dans le maniement de la plante, avec les brucelles, d'éviter de toucher toutes les parties qui présenteraient des organes de fructification, sous peine de les détruire ou tout au moins de les endommager.

application, assez minutieuse, exige beaucoup d'habitude; aussi engageons-nous fortement les personnes qui désirent collectionner les plantes marines à ne pas se décourager si, dans leurs tentatives, elles échouaient plusieurs fois de suite, car, nous pouvons le dire en toute assurance, avec un peu de patience et de dextérité, elles finiront bien vite par faire de charmantes préparations, qui les récompenseront amplement de leurs peines.

Ici on doit encore recourir à la cuve ainsi qu'à la claire-voie; mais en outre il faudra se procurer un certain nombre de lames de toile gommée, de la grandeur de la claire-voie, de plusieurs plaques de zinc de dimension plus grande et bien planes, de plusieurs feuilles de *papier* épais et collé, d'une pince brucelles à longues branches rondes et sans dents (la pince des chirurgiens pour la torsion des artères peut en donner une idée assez exacte) et terminée par un bec mousse (*fig.* 4).

F.4

Sur la claire-voie on place une lame de toile gommée, et par dessus une feuille de papier; on les fixe à l'aide d'épingles, et l'on introduit le tout dans la cuve, qu'on remplit d'eau en la versant doucement sur un des côtés; alors on fait descendre la plante sur le papier, quand la surface du liquide est tranquille; puis, avec la pince, tenue comme une plume à écrire, on étale un à un, sur le papier, chaque rameau et ramuscule à certaine distance les uns des autres. Cette opération une fois terminée, on fait écouler l'eau au moyen des deux robinets et on laisse égoutter tout l'appareil en tenant la cuve un peu inclinée; alors on enlève la claire-voie, on détache doucement les épingles pour éviter de déranger la position donnée aux branches de la plante et on fait glisser la toile gommée munie du papier porteur du fucus sur une plaque de zinc, sur laquelle on aura mis un cahier de cinq à six feuilles de papier sans colle. Au-dessus de cette plante on applique une autre toile gommée, puis un semblable cahier de papier et enfin une nouvelle plaque de zinc. Ces deux cahiers sont destinés à accélérer la dessiccation de la plante et à empêcher une trop forte pression qui pourrait occasionner un trop grand écrasement des tiges et en outre enlever les caractères des fructifications.

DESSICCATION DE LA PLANTE ET MISE EN PRESSE.

On porte alors ces deux lames de zinc, sans les déranger, sous la presse (*fig.* 5) ; on place

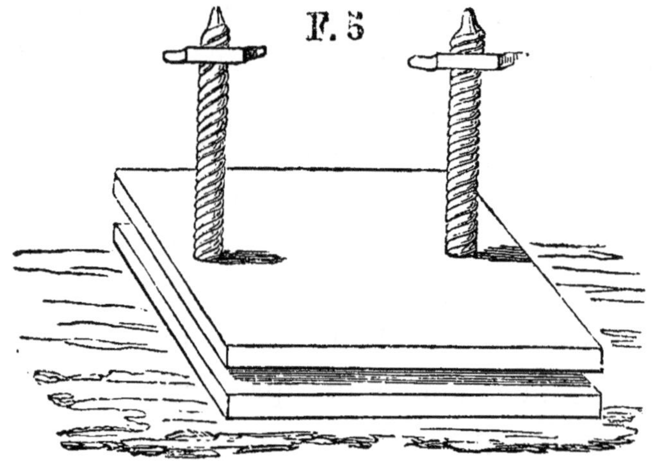

par-dessus successivement de nouvelles plantes auxquelles on aura fait subir les diverses préparations qui précèdent, en ayant toujours le soin de mettre dessus et dessous une plaque de zinc munie en dedans chacune d'un cahier de papier sans colle (il est bien entendu que le papier devra avoir la même dimension que les plaques de zinc), et on serre alors graduellement les écrous de la presse. L'habitude apprendra aux amateurs le degré de pression qu'il faudra faire subir aux plantes.

On devra, au bout de vingt-quatre heures de pression, desserrer les écrous, enlever le papier éponge (papier à filtre), en prenant grand soin de ne toucher ni aux deux bandes de toile cirée, ni à la feuille de papier sur laquelle est placée la plante. Quelques jours de pression suffisent pour fixer la plante et lui donner, ainsi qu'au papier, le temps de sécher. Si parfois quelques ramuscules n'adhéraient pas intimement au papier (ce qui n'arrive que fort rarement), on en serait quitte pour lever la partie non fixée avec un instrument délié comme une aiguille, à faire glisser dessous un pinceau à aquarelle trempé dans une solution ainsi composée :

Gomme adragante pulvérisée 10 grammes.
Sucre candi 1 gramme.

que vous délayez ensemble avec un peu d'eau tiède en lui conservant une certaine consistance; et vous remettrez en presse pendant quelques heures.

Cette solution est de beaucoup préférable à celle de la gomme arabique pour fixer les plantes qui n'y adhèrent pas naturellement (telles que les *Ulves* qui, aussitôt que la dessiccation commence, se crispent et se détachent presque instantanément du papier sur lequel on les avait posées), parce que ce mucilage de gomme adragante ne donnant point au papier un brillant de vernis comme la gomme arabique, il ne trahit pas à la vue les échantillons ainsi préparés et par conséquent ne les rend pas disparates avec les autres.

Nous proscrivons ici l'emploi du papier Joseph, que quelques personnes seraient tentées de mettre immédiatement sur la plante pour faciliter sa dessiccation ; cette pensée qui est très-bonne dans un sens, à cause de la propriété que possède ce papier d'absorber l'eau, est défectueuse dans une autre ; car, lorsque la plante sera desséchée, il sera impossible d'enlever ce papier sans entraîner avec lui une grande partie de la plante ; aussi conseillons-nous de ne pas tenter de mettre d'intermédiaire entre la plante et la seconde lame de toile gommée.

De toutes les presses connues, celle dont nous donnons la figure est la plus commode et celle dont nous avons retiré le plus de services, quoique sa dimension soit assez gênante pour voyager ; on ne peut cependant pas s'en passer ; aussi, en la faisant confectionner, faut-il recommander à l'ouvrier de la faire de façon que, démontée, elle occupe le moins d'espace possible. Quant à la pression obtenue à l'aide de poids, elle est tellement défectueuse que nous pensons que personne ne songera à y recourir.

Malgré tout le soin que nous avons mis à exposer les données principales pour arriver à bien opérer, il est hors de doute que le botaniste préparateur saura déduire comme conséquence, une multitude de petites pratiques, de détails qui est propre à chacun de nous.

APPENDICE

III

Bien que ce mode de préparation soit le seul qui offre du succès pour obtenir de belles préparations et que les instruments nécessaires à ce travail soient d'une dépense minime, nous n'ignorons pas que beaucoup d'amateurs, incomplétement voués à l'étude de la botanique, hésiteraient devant l'achat de ces instruments; mais comme nous avons pris à tâche de créer un divertissement pour les nombreux malades qui vont à chaque retour de l'été prendre les bains de mer, nous allons donner un moyen expéditif et à la portée de tous et qui n'entraîne à aucun frais; grâce à ce moyen, l'on pourra rapporter de l'Océan ou de la Méditerranée, des souvenirs d'autant plus précieux qu'ils seront le fruit du travail. Hâtons-nous de dire que ces préparations seront loin d'approcher de celles préparées par le système cité en tête de ce chapitre; souvent (pour ne pas dire toujours) le papier est crispé et les ramuscules de la plante sont confus. On comprendra sans peine que n'ayant pas les instruments nécessaires à cette préparation, l'on obtienne un résultat bien inférieur.

Une fois que la cueillette est faite ou dès que les pêcheurs côtiers vous auront approvisionné d'algues, de fucus ou d'autres végétaux tapissant les roches marines ou qui nagent au gré des eaux de l'Océan, il est nécessaire, aussitôt rentré, de déposer le tout dans un vase rempli d'eau douce, pour empêcher la dessiccation; d'autre part pour débarrasser la plante des coquilles, des parties salines et terreuses qui la souillent. Vous agitez ensuite la masse dans le liquide, puis, à l'aide des brucelles, vous saisissez un des individus et vous lui faites subir doucement un second lavage spécial.

Vous prenez ensuite une assiette, un plat ou un vase analogue dans le fond duquel vous placez une feuille d'épais papier bien collé; vous couvrez ce papier d'une couche d'eau et vous déposez la plante sur sa surface. Alors, armé d'une aiguille à tricoter, de vos brucelles, ou mieux encore d'un très-fin ébauchoir en buis, vous étendez tous les ramuscules de votre plante de manière que toutes les ramifications se dessinent parfaitement sur le papier; puis, à l'aide d'une petite seringue, d'un siphon, d'un tube en verre, etc., vous aspirez le liquide de manière à laisser la plante à sec; enfin, avec l'ébauchoir, vous replacez immédiatement les parties du végétal qui auraient pu se déranger pendant cette dernière opération. Le papier porteur de la plante est ensuite posé sur un carton recouvert de plusieurs feuilles de papier non collé, puis, sur la surface de la plante, vous appliquez un morceau de toile gommée qui doit y être déposé avec le soin le plus minutieux, afin de ne pas déranger les ramuscules de la plante; cette toile est ensuite recouverte par trois ou quatre autres feuilles de papier également non collé, que l'on recouvre d'une seconde feuille de carton, et le tout est aussitôt mis sous presse au moyen de poids quelconque, jusqu'à parfaite dessiccation.

Il peut se faire que l'on se trouve dans des localités où il serait difficile de se procurer de la toile gommée, ou du moins d'un prix élevé, on y supplée au moyen de papier suiffé que l'on prépare comme il suit :

Vous prenez une feuille de papier collé qui ait assez de consistance et vous l'enduisez légèrement de suif fondu, puis vous appliquez cette feuille ainsi enduite entre plusieurs autres feuilles de papier *non collé* sur lesquelles vous passez un fer chaud. Le papier non collé enlève le suif surabondant qui, sans cette précaution, empêcherait la plante de s'attacher au papier sur lequel on veut l'appliquer.

On se procurera une vingtaine de feuilles ainsi suiffées, ce sont ces feuilles que l'on applique immédiatement sur la plante et qui remplacent la toile gommée. Ces feuilles de papier ainsi préparées peuvent servir longtemps au même emploi.

Ce procédé, qui se fait remarquer par son extrême simplicité, pourrait être très-profitablement appliqué par les voyageurs qui n'auront seulement qu'à prendre la précaution de ne pas mettre en presse trop fortement, afin que les organes de la fructification soient conservés intacts et ne soient pas écrasés; mais dès qu'il seront arrivés au lieu de leur destination ou dès qu'ils en auront le loisir, ils devront recourir à notre première méthode, ce qui leur sera d'autant plus facile que les plantes marines présentent cet avantage précieux que même après plusieurs années de dessiccation elles peuvent reprendre leur élasticité primitive, pourvu qu'on les mette directement en contact soit avec de l'eau, soit avec de la vapeur.

FIN.

EXPLICATION DES FIGURES.

IV

Page 2. — *Fig.* 1. Boîte à herboriser. — A, intérieur de la boîte pour les plantes phanérogames; B, double boîte pour les cryptogames; D, profondeur de la double boîte; C, C, C, boucles dans lesquelles on passe une courroie, pour la porter en sautoir.

Page 22. — *Fig.* 2. Appareil complet pour le lavage des plantes marines. — A, la cuve; B, la claire-voie; *a*, *b*, ouvertures faites à la cuve pour l'écoulement de l'eau, et où doivent être des robinets; *c*, *c'*, tiges pour soulever la claire-voie.

Page 23. — *Fig.* 3. La claire-voie. — A, le cadre sur lequel est tendue la toile à tamis B; *c*, *c'*, comme dans la figure précédente.

Page 26. — *Fig.* 4. Pince dite brucelles.

Page 28. — *Fig.* 5. Presse.

Nota. — Ces divers instruments se trouvent chez l'auteur, rue de l'École-de-Médecine, **no 20**, ainsi que des collections de plantes marines.

TABLE DES MATIÈRES.

MINÉRALOGIE, GÉOLOGIE, PALÉONTOLOGIE ET CRISTALLOGRAPHIE.

Analyses qualitatives et quantitatives de minerais, terres, etc., dont le certificat est signé par des professeurs spéciaux.

Détermination des minéraux et objets d'histoire naturelle.

Minéraux communs à 15, 20 et 25 centimes.

Minéraux et coquilles de luxe, pour étagères.

Un grand nombre de minéraux, coquilles et fossiles, à très-bon marché, pour confection de grottes, cascades, etc.

Sciage et polissage de pierres dures.

MODÈLES ET REPRODUCTIONS EN PLATRE.

Le succès qu'a obtenu notre maison nous a imposé le devoir de montrer que nous sommes digne de la confiance dont on a bien voulu nous honorer ; à cet effet, nous avons pensé utile de joindre à notre établissement *un atelier spécial* de *moulage* et *modelage*, dont la direction est confiée à un artiste, ex-mouleur à l'école impériale des Beaux-Arts et habile praticien.

Les pièces suivantes sont en vente :

Animaux antédiluviens, reconstitués par CUVIER ; réduction 0m.025 par 0m.30.

Collection de six plâtres, représentant *huit espèces* d'animaux perdus. . . . . 140 »

Et qui sont : le SCHISTOPLEURUM typus (L. Nodot) 30 »
le PTERODACTYLUS. . . . . . . 15 »
le LABYRINTHODON. . . . . . . 15 »
l'IGUANODON. . . . . 25 »
le MEGALOSAURUS. . . . . . . 25 »
le PLESIOSAURUS MACROCEPHALUS }
le PLESIOSAURUS DOLICHODEIRUS. } 30 »
l'ICHTHYOSAURUS. . . . . . }

Ces trois pièces se trouvent sur le même socle et forment groupe, et les deux *Plesiosaures* sont tirés à part et forment pendants. Le prix est de **10** fr. pièce.

Tête d'*Ichthyosaure* en relief. . . . . . 10 »
La même, grand format. . . . . 15 »
Trilobites à 50 cent. et. . . . . 1 »

Toutes ces pièces sont bronzées ou peintes de la couleur de l'étage auquel elles appartiennent; l'exécution de ce travail ne laisse rien à désirer. Bon nombre de musées et d'établissements publics en ont déjà fait l'acquisition.

(*Modèles déposés.*)

En cours d'exécution : le **Glyptodon clavipes**, le **Megaterium**, le **Mylodon robustus.**

Aux cinquante premiers souscripteurs aux trois exemplaires désignés, il sera fait remise du *tiers* du *prix de vente*, qui sera fixé ultérieurement.

On se charge de la reproduction des pièces de paléontologie, et toute espèce de moulage et modelage d'objets et pièces d'histoire naturelle.

ZOOLOGIE.

Nos relations directes avec un grand nombre de voyageurs nous mettent à même de répondre aux demandes qui nous seraient faites pour fournitures de toute espèce de **quadrupèdes, oiseaux, reptiles, poissons, crustacés**, etc., en peau et montés.

Montage, par un nouveau procédé, de têtes de cerf, de daim, chiens, hures de sangliers, etc., pour trophées.

Bois de cerf sur massacre artificiel et naturel.

Groupes pour pendules et articles de fantaisie.

Accessoires et fournitures pour groupes.

Atelier spécial pour la préparation des peaux de mammifères, confections et garnitures de tapis de fourrures, réparations, garde et entretien à l'année.

Peaux de chats préparés pour électrophore, 1,50 et 2 »

Pièces conservées dans l'alcool et reptiles vivants pour démonstrations et expériences.

Entretien des cabinets d'histoire naturelle, réparations et destruction des insectes.

On se charge de la vente, et on prend en dépôt, toutes collections et objets d'Histoire naturelle.

MATÉRIEL D'ENSEIGNEMENT

Pour l'étude de l'histoire naturelle à l'usage des salles d'asile, à **100** *fr.*, PAYABLES PAR TRIMESTRE.

Nous pensons nous rendre utile en instituant cette collection à l'usage des salles d'asiles, et venir en aide aux âmes dévouées et charitables qui dirigent ces utiles institutions; on ne doit pas nous attribuer un intérêt mercantile en mettant en vente cette collection dont le prix représente à peine le prix de débours, notre travail est une offrande que nous faisons aux orphelinats.

COMPOSITION DE LA COLLECTION.

Pour la ZOOLOGIE : 2 Mammifères, 6 Oiseaux répartis dans les différents ordres, 2 Reptiles, 2 Poissons, 2 Crustacés, 1 Arachnide, 20 Insectes dans une boîte à dessus de verre, 20 Mollusques marins, fluviatiles et terrestres, 2 Rayonnés, 2 Zoophytes.

Pour la BOTANIQUE : 25 plantes (dicotylédonés, monocotylédonés et acotylédonés).

Pour la GÉOLOGIE : 25 Roches des principaux terrains et le beau tableau gravé sur acier, de MM. Ch. d'Orbigny et Gente.

Pour la MINÉRALOGIE : 25 minéraux dont les principaux employés dans la métallurgie, les combustibles, les arts céramiques, la grosse et petite bijouterie, etc.

Collection de 20 PRODUITS ORGANIQUES, contenus dans des flacons à étiquettes de papier, comprenant des graines, écorces, fleurs, fruits, gommes, résines, etc.

Ensemble 154 ÉCHANTILLONS, plus les boîtes, les cartons, les tubes et flacons, la caisse et l'emballage, etc.

CABINETS D'HISTOIRE NATURELLE

Mis en rapport avec le nouveau programme des cours de l'Université, de **150** *et* **300** *fr.*, PAYABLES PAR TRIMESTRE.

Ces petits musées classiques, bien que réduits à leurs plus simples expressions, offrent les types de la plus grande partie des êtres organisés ; ils sont ainsi composés :

Cabinet de 150 francs.

Pour la ZOOLOGIE : 4 Mammifères, 10 Oiseaux répartis dans les différents ordres, 6 Reptiles et Poissons, 5 Crustacés et Arachnides, 25 Insectes, 25 Mollusques marins, fluviatiles et terrestres, 6 Rayonnés et Zoophytes.

Pour la BOTANIQUE : 50 Plantes (dicotylédonés, monocotylédonés et acotylédonés) avec des détails précis des propriétés de chacune de ces plantes.

Pour la GÉOLOGIE : 50 Roches de tous les terrains, et le beau tableau géologique gravé sur acier, de MM. Ch. d'Orbigny et Gente.

Pour la MINÉRALOGIE : 50 Minéraux, dont les principaux employés dans la métallurgie, les combustibles, les arts céramiques, la grosse et la petite bijouterie, etc.

PRODUITS ORGANIQUES : 30 PRODUITS, contenus dans des flacons à étiquettes de papier, comprenant des graines, écorces, fleurs, fruits, gommes, résines, etc.

Ensemble 212 ECHANTILLONS, plus les boites, les cartons, les tubes et flacons, la caisse et l'emballage, etc.

Cabinet de 300 francs.

Pour la ZOOLOGIE : 6 mammifères, 15 oiseaux répartis dans tous les ordres, 8 reptiles et poissons, 8 crustacés et arachnides, 50 insectes, 50 mollusques marins, fluviatiles et terrestres, 8 rayonnés et zoophytes.

Pour la BOTANIQUE : 100 plantes (dicotylédonés,

monocotylédonés et acotylédonés), avec des détails précis des propriétés de chacune de ces plantes.

Pour la GÉOLOGIE : 100 roches de tous les terrains, classées dans l'ordre de leur superposition, 100 *fossiles*, de chacun de ces terrains, et le beau tableau gravé sur acier, représentant, par ordre chronologique, les terrains stratifiés et les principaux fossiles qui les caractérisent, par MM. Ch. d'Orbigny et Gente.

Pour la MINÉRALOGIE : 50 minéraux, dont les principaux employés pour la métallurgie, les combustibles, les arts céramiques, la grosse et la petite bijouterie, etc.

PRODUITS ORGANIQUES : 50 ÉCHANTILLONS contenus dans des flacons à étiquettes de papier, comprenant des graines, écorces, fleurs, fruits, baumes, gommes, résines, etc.

Ensemble 496 ÉCHANTILLONS, plus les boîtes, les cartons, les tubes et flacons, etc., les caisses et l'emballage ; le prix sera payable moitié dans les 30 jours de l'expédition, et moitié à 3 mois ; ce même cabinet en **1er Choix 350** francs.

CABINET COMPLET D'HISTOIRE NATURELLE

à 1,000, 2,000, 3,000 et 5,000 francs.

Un cabinet de 1,000 francs comprend **1800 Pièces,** et peut remplir une salle entière.

OSTEOLOGIE HUMAINE.

Squelettes humains désarticulés. . . 45 à 70 »
— — articulés. . . . 60 à 140 »
— — montés à la *Beauchène*, c'est-à-dire désarticulés et remontés à distance, tous les os dans leurs rapports. . 500 »
Têtes naturelles articulées. . . . . 10 à 20 »
— — désarticulées. . . . 15 à 25 »
— désarticulées, remontées à la *Beauchène*, avec oreilles interne et moyenne, vaisseaux et nerf dentaire. . . . . . 160 »

Tête sciée avec les oreilles interne et moyenne montrant les sinus.	40	à	50 »
Têtes sciées sans préparation. . . .	20	à	30 »
Têtes avec la dure-mère naturelle. .	18	à	25 »
— avec diploë, sous verre. . . .	35	à	40 »
Oreille interne. . . , ...	10	à	15 »
— moyenne.	5	à	10 »
Collection d'oreilles, 14 pièces. . .	150	à	250 »
Bassin avec ligaments.	15	à	25 »
Mains ou pieds articulés	3	à	5 »
— — enfilés avec corde à boyau	3	à	5 »
— — montés à la *Beauchêne* . . .			30 »
— — — sur support.			50 »
Coupe médiane du tronc pivotant sur support.			60 »

BOTANIQUE.

Herbier pour l'étude, classé par familles naturelles, de 100 plantes, à. . . . 18 et 25 »

Magnifique herbier de 400 plantes, renfermées dans deux jolies boîtes à cuvettes pour les diverses familles, avec double catalogue, herbier d'un haut intérêt, en raison des propriétés médicinales qui y sont indiquées. 150 »

Herbier agricole avec annotations sur les plantes utiles et nuisibles à l'agriculture, sur celles qui constituent le bon ou le mauvais fourrage, etc., à. . 25 et 30 fr. le cent.

Collection de champignons (112 échantillons représentant 64 espèces différentes) moulés en carton-pierre et peints d'après nature, imitation irréprochable . . . . 150 »

Collection des plantes marines qui croissent sur les côtes de France et d'Espagne, fixées sur papier, et conservant leur couleur naturelle. — Collection de 10 types, 3 fr.; de 15 types, 4 fr. 50; 30 espèces, 9 fr.; 45 espèces, 15 fr. — Feuilles au choix à 30, 40 et 50 c.

Album, riche reliure, à 15 et 20 fr.; avec chiffres, 2 fr. en plus.

COLLECTIONS DE PRODUITS CHIMIQUES, ORGANIQUES ET DE MATIÈRES MÉDICALES.

Nota. — En relation avec les premières fabriques de produits chimiques et pharmaceutiques, nous pouvons livrer des produits de première qualité.

INSTRUMENTS ET OBJETS DIVERS.

POUR LA ZOOLOGIE.

Nécessaire de taxidermie, renfermé dans une boîte en frêne, 40 et 50 fr. — Pince à long bec, dite bourroirs, 5 fr. — Pince à dissection, 2 fr. — Brucelles ordinaires, 50 c. — Ciseaux à lames courbes et droites, 2 fr. 50 et 3 fr. — Poinçon, 25 c. — Scalpels de toutes formes, 1 fr. 25. — Cure-crâne, 1 fr. 25. — Filière ou jauge pour le fil de fer, 3 fr. 50. — Préservatif (savon arsenical), 1 fr. le flacon ; le kilo, 3 fr. — Perchoirs pour oiseaux, d'après les modèles du Muséum de Paris, depuis l'oiseau-mouche jusqu'à l'aigle, depuis 15 cent. à 7 fr. pièce. — Yeux noirs de 1 fr. le cent à 2 fr. 50. — Yeux de couleur de toute espèce, de 1 fr. 50 à 6 fr. le cent. — Yeux de couleur avec coins en émail blanc pour mammifères, depuis 75 c. la pièce. — Yeux pour figurines, etc. — Benzine, première qualité, 1 fr. le flacon ; le litre, 3 et 4 fr.

POUR L'ENTOMOLOGIE.

Filet-fauchoir, le cercle se pliant en deux, 5 fr. — Filet à papillon ordinaire, 1 fr. 25 ; le même, le cercle se pliant en deux, 2 fr. 75. — Pince à raquette pour hyménoptères et lépidoptères, 4 fr. — Ecorçoir, 2 fr. 50 et 3 fr. — Pince à piquer à bouts recourbés, 2 fr. 50 — Brucelles ordinaires, 50 c. — Boîte ovale, en fer-blanc, pour coléoptères, 1 fr. 25. — *Idem*, pour chenilles, 1 fr. 50 et 2 fr. — Boîte carrée, liégée, en fer blanc verni, 5 fr. — Boîte en carton, liégée, 26 1/2 sur 19 ; hauteur, 6 3/4, 2 fr. — la même, à dessus de verre, 2 fr. 50. — Carton, liégée, 38 1/4 sur 36 1/2, hauteur, 6 3/4, 2 fr. 75. — — La même, à dessus de verre, 3 fr. — Boîte en carton ovale, pour la poche, fond liégé, 1 fr. — Liége en feuilles à 3, 4 et 6 fr. la douzaine. — Grande plaque de liége pour dissections, depuis 2 à 6 fr. pièce. — Epingles à ins ctes, 1 fr. 50 et 2 fr. le mille. — Eta oirs, divers formats. — Feuilles et paillettes de mica. — Loupe et biloupe de différentes formes et dimen ions. — Tubes en verre, assortis, au cent et à la douzaine, depuis 4 fr. jusqu'à 20 fr.

POUR LA BOTANIQUE.

Boîte à herboriser, en fer-blanc verni, depuis 2 à 6 fr.

Presse de botaniste (en bois dur) à 8, 10 et 12 fr. — Coquette, 6 fr. — Houlette. — Papier à herbier et à dessécher, etc. — Appareil complet, pour la préparation des *plantes marines et d'eau douce.*

POUR LA MINÉRALOGIE ET LA GÉOLOGIE.

Nécessaire de minéralogie à 40, 50 et 100 fr. — Chalumeau en fer, 1 fr. — Chalumeau en cuivre se démontant en cinq pièces, 3 fr. — Le même avec bout en platine, 5 fr. — Marteaux de géologue, à tranche, à pointe et à clavettes, à 2, 3, 4 fr. et au-dessus. — Tas d'acier à cylindre, 5 fr. — Mortiers en agate, 5, 7, 10 et 15 fr. — Boussoles de géologue. — Lame et fil de platine. — Creusets en argent et en platine. — Pointe-lime-ciselet, pour dégager fossiles et cristaux, et servant de barreau aimanté, 2 fr. — Cartons-cuvettes de toute dimension, à 3, 4 et 5 fr. le cent. — Aiguilles et barreaux aimantés, avec ou sans support, 1 fr. 50 et 2 fr. 50. — Goniomètres d'Haüy, 20 fr. — Aiguille électrique d'Haüy, 3 fr. 50. — Ciseau à froid, 1 fr. — Niveau à bulle d'air. — Trébuchet de mineur. — Griffes dorées, à deux, trois ou quatre branches, pour cristaux et échantillons rares, 1 fr. — Bissac pour courses géologiques, 1 fr. 50. — Lampes en cuivre à alcool, pour essai au chalumeau, 2 fr. et 2 fr. 50. — Brucelles à lames de baleine, pour fossiles et objets fragiles,

1 fr. 25. — Diamants et grenats, montés sur tiges d'acier, pour échelle de dureté, graver et tailler le verre, à 1 et 2 fr. — Briquet de géologue. — Pince à Tourmaline. — Lames et cristaux pour l'optique. — Spath d'Islande. — Sel gemme. — Hydrophane. — Quartz. — Aimant. — Mica, etc.

OUVRAGES EN VENTE CHEZ ARTHUR ÉLOFFE.

Géologie appliquée aux arts et à l'agriculture, comprenant l'ensemble des révolutions du globe, ouvrage orné de vignettes intercalées dans le texte et d'un tableau gravé sur acier, représentant par ordre chronologique les terrains stratifiés et les principaux fossiles qui les caractérisent, suivi d'un vocabulaire donnant la définition des termes scientifiques employés dans le cours de l'ouvrage : par MM. D'ORBIGNY et GENTE. — Deuxième édition. — Prix de l'ouvrage, texte in-8, avec tableau. . . . . . 8 »

Nota. — La Géologie de MM. CHARLES D'ORBIGNY et GENTE, bien que faite au point de vue des arts et de l'agriculture, n'en est pas moins l'ouvrage le plus clair, le plus précis, fait jusqu'à ce jour, pour répondre à toutes les questions du programme de l'Université.

Le tableau, tiré sur beau papier et colorié, se vend séparément 2 fr. Ce tableau, indispensable à l'élève qui veut étudier la géologie ou se préparer aux examens de l'Université, n'est pas moins utile au géologue voyageur pour arriver à une détermination prompte et sûre des terrains qu'il se propose de parcourir ; MM. CHARLES D'ORBIGNY et GENTE ont su, dans un cadre restreint, renfermer toutes les indications nécessaires et représenter tous les fossiles les plus caractéristiques de chaque terrain.

Tableau synoptique des terrains et des principales couches minérales qui constituent le sol du bassin parisien, avec indication des fos-

siles caractéristiques et des roches utiles aux arts et à l'agriculture, par M. CHARLES D'ORBIGNY. — Une grande feuille coloriée. . . . . . 3 »
— Collé sur toile avec étui . . . . . . 5 »

Coupe figurative de la structure de l'écorce terrestre et classification des terrains, d'après la méthode de M. CORDIER, professeur de géologie au Muséum d'histoire naturelle de Paris, avec indications et figures des principaux fossiles caractéristiques, des divers étages géologiques par MM. CH. D'ORBIGNY et CH. LEGER. — Très-grand tableau colorié . . . . 6 »

Carte géologique du plateau tertiaire parisien, par M. RAULIN. . . . . . 10 »
— Collé sur toile avec étui . 12 »

F. Péron, naturaliste voyageur aux terres australes. Sa vie, appréciation de ses travaux, analyse raisonnée de ses recherches sur les animaux vertébrés et invertébrés, avec le portrait de PÉRON d'après LESUEUR, etc., par MAURICE GIBARD, ancien élève de l'École normale, agrégé pour les sciences physiques, professeur au collége Rollin. Ouvrage couronné par la société d'Émulation de l'Allier et publié sous ses auspices. 1 volume in-8 de 278 pages . . . . 3 »

Catalogue des Oscabrions de la Méditerranée suivi de la description de quelques espèces nouvelles, par J. CAPELLINI, avec planche. Prix. . . . . 1 »

Tableaux synoptiques d'histoire naturelle, éléments de physiologie et de zoologie avec planche, par GUSTAVE LANOIX, professeur d'histoire naturelle. 4 50

En enseignant l'histoire naturelle avec l'ouvrage de M. G. Lanoix, l'élève ne retient plus seulement les faits par les mots, mais par leur enchaînement rationnel que, pour ainsi dire, il suit des yeux.

4

Amélioration de l'espèce humaine, par le docteur BURGGRÆVE, précédé d'une lettre de M. FLOURENS. Un joli vol. in-18. . . . 3 50

Traité pratique de l'éducation des abeilles, par J. FRANÇOIS ROUX, apiculteur. Un joli vol. in-16. . . . . 2 »

Cet ouvrage a obtenu la médaille d'or au concours agricole de Paris.

Manuel pratique de l'éducateur de vers à soie ou **la sériciculture régénérée**, suivi d'un nouveau TRAITÉ D'ÉDUCATION pour obtenir de la GRAINE de première qualité, par ALPHONSE TAURIGNA, praticien sériciculteur, membre de plusieurs Sociétés agricoles, etc. Seconde édition revue et augmentée. Un vol. in-8°. — Prix. . . . . 6 fr. 50

Cet ouvrage a valu à son auteur une médaille d'honneur de première classe décernée par l'Académie nationale agricole de Paris.

Le Chasseur d'insectes, par M. A. M. PERROT, auteur du *Planisphère zoologique*, etc. Un joli vol. in-18 raisin, orné de quarante-cinq figures explicatives. — Cartonné, prix. . . 1 fr. 25

Le titre de ce joli volume indique assez qu'il est le *vade-mecum* inséparable de toute personne qui s'occupe d'entomologie.

Le jeune collégien surtout y trouvera l'histoire rapide, mais claire, des mœurs et coutumes des insectes, l'indication précise des lieux qu'ils fréquentent.

La manière de les préparer, de les conserver, de les classer par ordre sont l'objet des soins de l'auteur.

Un vocabulaire des termes techniques employés dans l'ouvrage et une série de figures explicatives complètent cette intéressante étude.

Ouvrage honoré de la souscription de S. Exc. le ministre de l'agriculture.

Planisphère zoologique, carte de la distribution des animaux sur la surface de la terre, par A. M. Perrot. Feuille grand-monde. — Prix : noir, 3 fr. ; colorié, 5 fr.

Le planisphère zoologique va rendre à l'histoire naturelle le même service que les mappemondes rendent à la géographie. En un instant, tous les animaux qui vivent sur la surface de la terre nous apparaissent dans les régions mêmes où Dieu les a placés : le lion d'Afrique, sur les sommets de l'Atlas ; le tigre royal, dans les jungles de l'Inde ; l'hippopotame sur les bords du Nil, etc. Les espèces les plus utiles sont minutieusement reproduites.

Ouvrage honoré de la souscription de S. Exc. le ministre de l'agriculture.

Zoologie du jeune âge ou Histoire naturelle des animaux, écrite pour la jeunesse, par A. Lereboullet, professeur de zoologie et d'anatomie comparée, à la Faculté des sciences de Strasbourg, directeur du Musée d'histoire naturelle, etc. Un beau vol. in-4° orné de 33 planches coloriées. Prix, cartonné. . . . . 20 fr.

L'Œillet ; *son histoire et sa culture*, par Aristide Dupuis, professeur d'histoire naturelle, membre de plusieurs Sociétés savantes. Un vol. in-18 raisin. — Prix. . . . . 1 fr.

Ouvrage honoré de la souscription de S. Exc. le ministre de l'agriculture.

Traité élémentaire des champignons comestibles et vénéneux, par Aristide Dupuis, professeur d'histoire naturelle, membre de plusieurs Sociétés savantes. Un joli volume in-18 jésus, avec 8 planches coloriées. . . 1 75

Causeries d'un naturaliste, par A. Dupuis, professeur d'histoire naturelle, membre de plusieurs Sociétés savantes, etc. 1 vol. in-18 de 216 pages, avec 15 gravures. 1 50

Migrations des végétaux, par A. Dupuis. Brochure in-8°. . . . . » 50

Les Sensitives ou Physiologie végétale, par M. REGLEY Un joli vol. in-18. raisin, avec figures. 1 f.

Traité pratique du naturaliste préparateur, par ARTHUR ELOFFE, naturaliste-préparateur, et professeur de taxidermie, membre de plusieurs Sociétés d'horticulture, onze fois lauréat aux expositions de Paris, Dijon, Meaux, Valognes, Avranches, Châteaudun, etc. Un joli volume in-18 raisin, avec figures. . . . . 2 »

Ouvrage honoré de la souscription de S. Exc. le ministre de l'agriculture.

L'art de préparer les Plantes terrestres, d'eau douce et marines, pour en former des Herbiers et Albums pour l'étude, par ARTHUR ELOFFE, naturaliste-préparateur, etc. Brochure in-18 raisin, avec figures. . . . 1 »

L'Ortie, ses propriétés alimentaires, médicales, agricoles et industrielles, par ARTHUR ELOFFE, naturaliste préparateur, membre honoraire de plusieurs sociétés horticoles, etc. Br. in-18 raisin. » 75

Les Edentés fossiles (*Glyptodon et Schistopleurum*), par ARTHUR ELOFFE, naturaliste, etc. Brochure in-8°, avec deux gravures. . » 50

LE JARDIN DES PLANTES

(*La Belgique horticole*)

Journal des Jardins, des Serres et des Vergers,

Fondé par M. Ch. MORREN,

Rédigé par M. Edouard MORREN,

Docteur spécial en sciences botaniques, Docteur en sciences naturelles, Candidat en philosophie et lettres, chargé du cours de botanique et de la Direction du jardin botanique à l'Université de Liége, Membre correspondant de l'Association britannique pour l'avancement des sciences, Membre de l'Académie impériale des curieux de la nature, à Iéna; de la Société botanique de France et des Sociétés d'horticulture de Toscane, de France et de Prusse.

Ce journal, répandu dans toute l'Europe, est devenu

l'organe le plus important de la publicité horticole; il comprend, dans son cadre, tout ce qui se rattache à l'horticulture, botanique, physiologie végétale, histoire, introduction des plantes nouvelles, figures, description et culture des plus belles fleurs, jardinage, serres, jardins d'hiver, culture forcée, culture en appartement, arboriculture, pomologie, jardin maraîcher, etc., rédigé par un grand nombre d'écrivains spéciaux dans chaque partie.

Il paraît une livraison par mois.

Chaque livraison renferme deux feuilles de texte, deux planches coloriées et des figures noires intercalées dans le texte,

Prix de l'abonnement : Pour Paris . . . . 15 f. »
— Pour les départem. 16 50

LES CONNAISSANCES USUELLES

Journal illustré de la Jeunesse,

DIRIGÉ

PAR Mme MARIE JUNCA

Paraissant 2 fois par mois. — Prix, 5 fr. par an.

SOUS PRESSE

POUR PARAITRE PROCHAINEMENT :

Les Papillons de France, par A. DUPUIS, professeur d'histoire naturelle, membre de plusieurs Sociétés savantes. 1 vol. in-18 jésus, avec 16 planches coloriées.

Les Sauriens fossiles, par ARTHUR ELOFFE, naturaliste-préparateur et professeur de taxidermie, membre de plusieurs Sociétés d'horticulture.

AVIS IMPORTANT.

Dans le but d'étendre notre clientèle, nous nous chargeons de la fourniture de toute espèce de collections de produits industriels, livres, cartes, instruments, etc., et en général de l'achat de tous objets qui ont rapport soit à l'enseignement, soit à l'application de la chimie, de la physique, de l'histoire naturelle, etc., etc. ; *nous accorderons la remise même du fabricant, marchand ou libraire, à toutes les personnes qui feront quelques achats dans notre magasin;* par ce moyen, les objets ou pièces d'histoire naturelle achetés dans notre maison se trouveront payés par la remise du fabricant ou libraire.

Les caisses et l'emballage sont comptés en sus du prix des collections.

Tous les emballages sont faits au moyen de tasseaux, de vis et sangles, et si soigneusement, que les pièces les plus fragiles supportent les plus longs voyages sans crainte d'avaries.

La maison n'a jamais eu et n'a pas de commis-voyageurs NI DE DÉPÔT.

Les commandes doivent être adressées directement à M. ARTHUR ELOFFE, naturaliste-préparateur, rue de l'Ecole-de-Médecine, **No 20**, à Paris. C'est le moyen d'être bien et promptement servi.

Toutes commandes au-dessous de 25 francs doivent être accompagnées d'un mandat sur la poste.

Les lettres non affranchies sont rigoureusement refusées.

Commission, Vente, Achat, Réparations et Entretien de tous objets et pièces d'histoire naturelle.

NOTA. — Le Catalogue général est envoyé franco contre Lettre affranchie.

Paris, 15 mai 1862.

Meaux. — Imprimerie A. Carro.

MEAUX. — IMPRIMERIE A. CARRO.

www.ingramcontent.com/pod-product-compliance
Lightning Source LLC
LaVergne TN
LVHW011958160826
845678LV00002B/597

* 9 7 8 2 3 2 9 6 7 4 6 9 8 *